AF457782

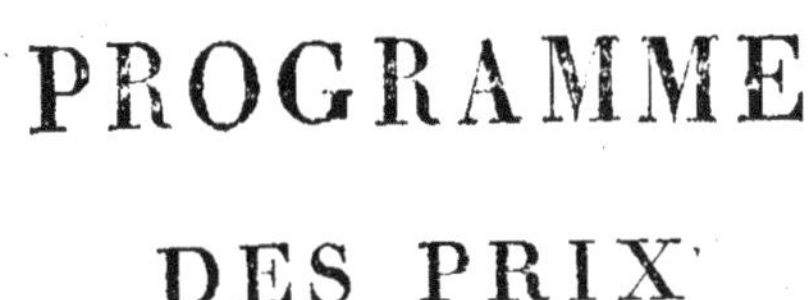

PROGRAMME

DES PRIX

PROPOSÉS PAR LA SOCIÉTÉ

ROYALE D'AGRICULTURE

ET DE COMMERCE DE CAEN,

Dans sa séance du 15 Février,

POUR LES MEILLEURS MEMOIRES

Sur l'état actuel de l'Agriculture du Calvados, et sur les perfectionnemens dont elle est susceptible.

ANNÉE 1822.

A CAEN,

DE L'IMPRIMERIE DE F. POISSON, RUE FROIDE.

PROGRAMME

Des Prix proposés par la Société Royale d'Agriculture et de Commerce de Caen, dans la Séance du 15 Février 1822, pour les meilleurs Mémoires sur l'état actuel de l'Agriculture du Calvados, et sur les Perfectionnemens dont elle est susceptible; précédé du Rapport d'une Commission, composée de M. le Baron de Fontette, *Président de la Société;* de Magneville, *Président de la Commission;* Lair, *Secrétaire de la Société;* Marc; *et* Pattu, *Rapporteur.*

RAPPORT DE LA COMMISSION.

Messieurs,

Les réflexions lumineuses que M. Marc, notre collègue, vous a présentées dans la dernière séance sur la nécessité de donner une nouvelle impulsion à l'agriculture du

Calvados, vous ont porté à charger une commission d'examiner cette question importante. Elle s'est efforcée de vous satisfaire, et je vais avoir l'honneur de vous exposer en son nom, le résultat de ses recherches.

Vous vous êtes convaincus suffisamment que nos systèmes de culture peuvent être améliorés, et que nos campagnes ont besoin de nouveaux guides. Vos tournées agronomiques vous ont appris que la plupart des cultivateurs ne suivent pas encore les bons exemples que vous avez remarqués ou donnés vous-mêmes dans un petit nombre de lieux. Vous avez déjà découvert la cause de ces imperfections ; vous l'avez vue, sans doute, dans l'impossibilité où sont la plupart des propriétaires des fermes de concourir aux exploitations, soit parce que leurs emplois ou leurs professions les tiennent éloignés, soit parce que leurs connaissances et leurs inclinations ne sont point dirigées vers l'agriculture, et qu'ils sont trompés par les hommes à qui ils confient leurs intérêts. Vous avez probablement encore vu cette cause dans les baux, qui ne laissent souvent au fermier que le strict nécessaire, et dont les conditions faites dans des temps d'aveuglement, et opposées aux perfectionnemens les mieux prouvés depuis par l'expérience, rappellent encore cet assolement triennal et gothique qui admettait des jachères. Vous l'avez pu voir enfin cette cause affligeante dans les préjugés, l'irrésolution, la défiance, l'apathie, qui font tour-à-tour mépriser les méthodes nouvelles de culture, les travaux exécutés avec plus d'ordre et de promptitude, et les soins vigilans qui préviennent de grandes pertes, et font retirer les plus forts revenus des capitaux engagés. Je vais exposer sur cela le sentiment de notre respectable collègue, M. de Magneville, dont les observations sûres, et les réflexions profondes jettent toujours, dans nos discussions, une vive clarté.

» Les progrès peu rapides que l'agriculture » fait chez nous, a-t-il dit, tiennent essen- » tiellement, suivant moi, à la classe d'indi- » vidus qui se livrent presque seuls à ce » genre d'industrie. Les cultivateurs sont gé- » néralement peu instruits, quoiqu'avec » beaucoup de bon sens, de finesse, de ca- » pacité. Leurs idées ne se portent guères » au de-là du marché où ils vont vendre » leurs récoltes ou leurs bestiaux. Les meil- » leurs ouvrages sur l'agriculture, les meil-

» leurs Mémoires sur quelque point important de cette science leur sont absolument » étrangers, ils ne les liraient qu'avec une » prévention insurmontable. Réduits à leur » seule intelligence et à l'expérience de leurs » voisins, ils ne peuvent profiter que de » quelques succès isolés qui ont lieu sous » leurs yeux; mais qui sont d'autant plus » rares, que la prudence leur commande de » ne point exposer au hasard des essais, » leurs récoltes, sur le produit desquelles » ils comptent pour payer leurs fermages. »

Voici la position et le caractère d'une classe nombreuse, qui est devenue le plus fort appui des sociétés, et qui ne peut être égarée sans qu'il n'en résulte des maux incalculables. Qu'on n'espère pas cependant la rendre jamais familière avec les grands principes de l'art ou de la science qu'elle pratique; quoique le célèbre Adam Smith et d'autres savans, qui ont enseigné l'économie politique, aient pensé que l'agriculture n'exige pas de grands talens, nous resterons convaincus que l'art des Tessier, des Thouin des Husard, des Yvart, des Bosc, des Davy est difficile, et qu'on a dû même souvent le ranger parmi les sciences les plus transcendantes, lorsqu'il a donné la solution des problêmes d'assolement dont les difficultés et l'importance ne sont pas assez connues. Il ne faut pas de grands talens, sans doute, pour répéter une opération dans des circonstances semblables, mais il en faut beaucoup lorsque des phénomènes, sujets au changement, abondent et viennent embarrasser la voie qui mène au but proposé. C'est alors que l'on peut dire, heureux le maître qui, voulant parcourir avec ses disciples la vaste étendue des sciences, peut connaître toutes les lois de la nature !

Quoi qu'il en soit, nous devons nous affliger de ce que des agronomes distingués aient pensé que la France pouvait tripler la valeur des produits de son sol, en employant de meilleures méthodes de culture, en perfectionnant les races des animaux domestiques, en employant des machines nouvelles ou mieux combinées. Il importe beaucoup que des recherches exactes découvrent promptement la vérité et les moyens de remédier au mal. L'industrie et les capitaux appliqués à l'agriculture ont trop d'influence sur la stabilité des gouvernemens, sur la tranquillité et le bonheur des peuples, pour différer encore ces recherches. Il appartient aux sociétés d'agriculture de s'y livrer et d'en hâter les conséquences. Ne sont-elles pas établies pour faire jaillir des relations continuelles que leurs membres ont ensemble, des lumières et des vérités que les hommes isolés ne pourraient obtenir, et pour étendre en même temps l'empire de cette vertu noble et touchante, la bienveillance, qui fait notre félicité du bien-être de nos semblables, et qui pénétrait de son feu divin l'âme des Henri IV, des Louis XVI, des Fénélon, des Parmentier, des Howard ?

On ne découvre aucune trace de la bienveillance dans la recherche des procédés qui doivent être suivis de brevets d'invention ou d'autres privilèges. L'intérêt particulier est trop souvent, dans ce cas, le seul mobile des investigateurs ; il craint toujours des yeux trop attentifs, il engendre la défiance, s'enferme dans d'épaisses barrières, et relâche les liens de la société. Cependant les gouvernemens sont forcés de l'employer, parce que toutes les âmes ne sont pas entraînées par les mêmes passions, parce que tous les états ne sont pas dirigés par les mêmes principes ; mais nous pouvons, chez nous, opposer aux récompenses pécuniaires, l'estime, la reconnaissance, l'admiration pour la bienveillance, qui peut mieux encore que l'intérêt, opérer des prodiges, et dont nous devons ainsi favoriser le développement. Elle nous attend dans nos campagnes, où la modestie la suit presque toujours; elle est prête à nous montrer des procédés et des améliorations importantes, à nous donner de salutaires conseils, à nous ouvrir les riches trésors d'une expérience acquise par de mûres réflexions, ou par des travaux dirigés avec sagacité. On peut assurer que le Calvados possède un grand nombre de cultivateurs, qui repoussent le mystère et qui désirent ardemment de faire partager les faveurs dont ils jouissent. Ne sait-on pas maintenant qu'en France les richesses sont souvent sacrifiées à l'honneur, au désir d'être utile? ne voyons nous pas une multitude de magistrats, d'hommes publics, s'oublier pour diriger et défendre les intérêts généraux de leur patrie? Pourquoi refuserions-nous de reconnaître que l'honneur et le désintéressement ont un empire plus grand, et qu'ils animent tous les rangs et toutes les classes des Français? Au reste, qu'un cultivateur découvre de nouveaux assolemens, plus propres que les anciens aux terres qu'il fait valoir; qu'il introduise dans sa ferme de nouveaux fourrages, de nouvelles céréales, de nouveaux engrais, ces améliorations ne pourront dépasser les limites du canton qui renferme des terres semblables, et à moins qu'une honteuse jalousie n'ait dépravé ce cultivateur, il sentira qu'en faisant participer ses voisins aux succès qu'il aura obtenus, il ne diminuera point ses profits; il apercevra que l'accroisement des productions de ce canton resserré, devenant insensible dans le marché général où elles seront versées, elles conserveront toujours le même prix. Nous pouvons donc espérer que nous aurons un grand nombre de collaborateurs dans l'importante entreprise que nous allons commencer.

Vous entrevoyez peut-être déjà, Messieurs, que le projet de les rassembler vous sera quelquefois présenté; on vous fera peut-être remarqner qu'un Anglais renommé, M. Coke, réunissant et faisant discuter périodiquement six cents fermiers appelés de tous les comtés de l'Angleterre, pour admirer et célébrer son brillant domaine de Norfolk, a trouvé un des moyens de faire faire de nouveaux progrés à l'agriculture. Nous ne voulons point rechercher les difficultés que ces réunions pompeuses, trop courtes et consacrées même plutôt au plaisir qu'à la science, rencontreraient parmi nous ; mais il nous a semblé que dans la supposition où elles pourraient s'y organiser sans peine, si elles ne visitaient pas successivement toutes les exploitations remarquables, si des rapports obscurs, insuffisans ou théoriques remplaçaient des observations directes recueillies sur les lieux mêmes, et qui donnent toujours de vives lumières ; si, enfin, les discussions n'étaient pas prolongées suffisamment, et rapportées dans des procès-verbaux rendus publics, les travaux de ces assemblées seraient fort imparfaits, et qu'il n'en résulterait rien d'utile pour le reste des cultivateurs. N'excluons pas les grandes assemblées agricoles qui, étant bien dirigées, pourraient, sans doute, rendre de bons services ; mais aujourd'hui, préférons des moyens plus simples et plus propres à nous faire atteindre promptement au but que nous nous proposons. La nation française peut parcourir toutes les parties de la carrière des sciences et des arts, sans plier sous une imitation servile ; elle est donnée trop souvent elle-même comme modèle, pour qu'on doute qu'elle ne puisse toujours se frayer des voies qui lui soient propres, et que ses tentatives ne soient, comme celles des autres peuples, suivies d'un plein succès.

En réfléchissant sur les difficultés que nous devons vaincre dans ce moment, votre commission a pensé qu'il fallait étudier avant tout, avec beaucoup de soin, l'état actuel de notre agriculture, et vous en présenter un tableau fidèle et comparatif. Chaque royaume a des provinces, chaque province a des cantons, chaque canton a des fermes, où l'on voit des modèles d'exploitation. Vous en verrez donc, Messieurs, dans ce vaste tableau, et vous désirerez qu'ils soient promptement imités, ou que les inégalités de nos cultures disparaissent pour faire retirer les plus grands bénéfices des capitaux déjà confiés à la terre; c'est le premier pas que vous voudrez qu'on fasse, puisqu'il n'entraînera point les cultivateurs dans des essais incertains, ni dans des dépenses nouvelles. Vous remarquerez avec satisfaction que les règles et les conseils propres à rectifier les exploitations défectueuses, pourront enfin être puisés dans des entreprises destinées uniquement à produire des bénéfices, sans qu'elles soient soutenues par des encouragemens, des sacrifices ou des prestiges. Les erreurs de l'antique agriculture disparaîtront, et l'on aura confirmé ou développé davantage les principes de la chimie agricole et de l'économie domestique, quand on aura mis au grand jour des fermes bien ordonnées, où l'on trouvera quelquefois, à côté des chefs-d'œuvre de littérature, les ouvrages des Olivier de Serres, des Duhamel, des le Berriays, des Chaptal, des Yvart, des François de Neuchateau, des Silvestre. Vous saurez en même-temps pourquoi l'on n'a point encore voulu recevoir chez nous des plantes, des animaux, des assolemens, des méthodes, des machines qui ont ailleurs une vogue entraînante, mais qui ne s'accommoderaient point avec notre sol, avec les moyens qui nous sont propres, ni avec notre commerce. Ce sont des cultivateurs, dont la prudence et l'instruction ne pourront être mises en doute, et qui auraient peut-être déjà fait des essais infructueux, qui fourniront ces précieux renseignemens, et qui contribueront ainsi à donner une meilleure direction aux efforts des écrivains et aux bienfaits du Gouvernement. Vous serez donc satisfaits. Mais si nous réunissons dans la pensée nos fermes les plus remarquables, nous en composerons une qui sera véritablement la grande ferme modèle, que plusieurs d'entre nous ont désirée, et où nous trouverons tous les sols toutes les plantes, tous les animaux, tous les instrumens, toutes les méthodes de nos contrées, sous la direction des hommes les plus expérimentés et les plus actifs ; on y trouvera aussi des travaux où régneront éminemment l'ordre, la vigilance, l'économie, si nécessaires pour faire fleurir les grandes entreprises. On admirera, dans ses ouvriers, l'intelligence, l'accord, la docilité, l'ardeur qu'on aura déjà remarqués avec enthousiasme dans les équipages de nos vaisseaux, dans les âteliers de nos grands travaux publics, de nos mines et de nos brillantes manufactures des villes, mais qui contrasteront avec la nonchalance, l'inaptitude et la rusticité sauvage des ouvriers des autres fermes, machines désolantes qui attendent encore, de l'active industrie, l'âme qui doit les animer. On trouvera, enfin, dans notre grande ferme, les baux les mieux conçus, ceux qui, sans nuire aux intérêts des propriétaires, donnent aux fermiers toute la liberté possible pour faire des améliorations, et aux juges, toutes les lumières dont ils ont besoin pour prévenir ou terminer des différens ; et si quelqu'un doutait des faits rapportés, une course de quelques heures, ou d'un jour au plus, lui suffirait pour s'éclaircir et pour se mettre à portée de recueillir complètement, à son tour, les avantages qui lui seraient offerts.

Le tableau que nous sollicitons exigera de longues méditations et des recherches faites avec le soin, le calme et la persévérance qui produisent les ouvrages véritablement utiles. L'auteur sera forcé de visiter les fermes les plus remarquables, dans le plus grand détail, et de se concerter avec les meilleurs cultivateurs, pour obtenir des résultats exacts et numériques. Votre commission n'exige cependant rien qui n'ait été déjà fait. Arthur Young, et des agronomes français distingués qui ont enrichi les mémoires de la société centrale d'agriculture de Paris, ont donné, dans les voyages qu'ils ont écrits, plusieurs bons exemples qu'on pourra suivre.

Nous répéterons sans cesse que le travail demandé devra être entièrement dirigé vers la pratique, et présenter des faits incontestables. Cependant vous verriez, sans doute, avec plaisir, que les concurrens fissent remarquer les perfectionnemens dont nos premières fermes elles-mêmes seraient susceptibles, soit par de meilleurs systèmes de culture sans augmentation de dépenses, soit par des accroissemens qui exigeraient de nouveaux capitaux. Ces concurrens seraient alors obligés de prendre, dans d'autres départemens ou dans les pays étrangers, les modèles qui serviraient aux comparaisons, ou de s'appuyer sur des principes théoriques. Comme cette partie du travail ne conviendrait point aux cultivateurs ordinaires, et qu'elle n'entraînerait pas toujours une conviction entière chez tous les lecteurs, il conviendrait qu'elle fût rejetée dans des appendices. Si elle pouvait un jour donner lieu à des améliorations génerales dans le département, elles seraient présentées à leur tour dans la ferme modèle fictive, où rien ne doit être admis qui ne soit tiré d'une pratique bien éprouvée chez nous par l'intérêt particulier.

En réfléchissant sur le tableau que nous obtiendrons, vous remarquerez, Messieurs, qu'il servira à faire connaitre les états successifs de notre agriculture, si l'on recompose ou si l'on rectifie périodiquement la grande ferme modèle. Nous y aurons recours, pour savoir si les fermes particulières, qui auraient été distinguées, auraient conservé leur prééminence, et si d'autres, mieux dirigées qu'elles ne le sont aujourd'hui, ne devraient pas être préférées à leur tour. Le même tableau servirait aussi pour désigner les agriculteurs qui mériteraient la confiance publique ou celle de l'administration, et qui pourraient composer des conseils où les grands intérêts de l'agriculture seraient défendus et réglés. Ecoutons encore sur cela M. de Magneville.

« Le moyen le plus efficace, dit-il, et qui » influerait le plus généralement en France » sur la prospérité de l'agriculture, serait de » ne pas se borner à lui donner de vaines » louanges, à l'appeler le premier, le plus utile » des arts, mais à honorer, à récompenser » l'agriculteur. Que la noble carrière qu'il » parcourt lui soit comptée pour parvenir » aux honneurs, aux dignités, aux emplois. » Peut-être même serait-il bon que cette classe » utile et respectable eût, ainsi que le com- » merce, des représentans nés dans les con- » seils du Gouvernement? Alors on verrait le » guerrier, le magistrat, l'administrateur, » après de longs et pénibles travaux, venir » se reposer au milieu de ses champs, et pen- » ser avec délices qu'en les cultivant il sera » encore utile à sa patrie, qui lui en tiendra » un compte honorable. Il s'introduirait dans » la classe des cultivateurs un grand nombre » de personnes instruites, et dégagées du joug » de la routine et des préjugés, qui pratique- » raient ce qu'elles auraient remarqué de bon » dans leurs courses lointaines, et leurs ex- » ploitations deviendraient des fermes modè- » les, seuls livres que les cultivateurs con-

» sentiraient à consulter. Mais il n'appartient » qu'au Gouvernement, ajoute M. de Magne- » ville, d'examiner à fond cette importante » question. »

Si vous désiriez cependant, Messieurs, d'offrir vous-mêmes dès ce moment, des témoignages particuliers de considération à nos cultivateurs les plus distingués, ce désir pourrait être satisfait. Le rapport authentique du voyageur agronome exposerait, pour ainsi dire, à vos yeux tous les objets qui pourraient être reçus au concours ; vous seriez à portée de balancer les droits de chacun; vous feriez enfin, pour l'industrie agricole, ce que vous avez fait pour l'industrie manufacturière dans les expositions de ses produits, et ce qui a fait ranger depuis long-temps M. Lair, auteur du beau projet de ces expositions, parmi les hommes que notre pays honorera à jamais pour les services éminens qu'ils lui ont rendus. (1)

Nous pourrions ajouter ici qu'après avoir vivifié l'industrie manufacturière et l'industrie

---

(1) Voyez les Rapports sur les différentes expositions publiques des produits des Arts du département du Calvados.

agricole, vous voudriez, sans doute, étendre les mêmes mesures sur le commerce, car sans lui les premières industries ne peuvent subsister, et nous reconnaissons qu'il est une des plus grandes sources de gloire et de prospérité pour les Etats. Vous compléteriez donc vos travaux, en présentant plus tard, à la considération publique, les commerçans qui auraient multiplié nos échanges, et rendu par-là notre sol plus productif, nos manufactures plus nombreuses et plus perfectionnées, et leur produit d'un plus grand prix. Tous nos travaux seraient ainsi fondés sur les mêmes vues; ils auraient cette unité, cette liaison si nécessaires pour produire de grands biens dans les sciences, dans les arts et dans l'administration. Pourrais-je remarquer que vous auriez en même temps fait paraître de nouveaux matériaux pour l'histoire de notre commerce, dont M. l'abbé de la Rue a déjà terminé une partie depuis long-temps, et que vous avez écoutée dans une de nos séances, avec cet intérêt qu'inspirent toutes les précieuses productions de la même plume? (1)

---

(1) Voyez le t. 1 des Mémoires de la Société Royale d'Agriculture et de Commerce de Caen.

La description détaillée et raisonnée de nos meilleures exploitations agricoles, sera principalement destinée aux cultivateurs tardifs qui ont besoin de conseils ou de lumières pour atteindre leurs voisins. Elle sera lue avec intérêt, parce qu'elle sera claire, parce qu'elle n'aura point de ressemblance avec les traités fondés trop souvent sur des théories obscures ou incomplètes. Et si l'on persistait à soutenir avec un des traducteurs du célèbre Kirwan, que le cultivateur ne lit jamais et qu'il est incapable d'application, nous le ferions observer dans les tribunaux, dans les expertises, dans les conseils de famille, dans les discussions qui précèdent les baux ou les ventes, et l'on serait bientôt convaincu que des écrivains et même des hommes d'état l'ont jugé avec trop de précipitation: il lit chez nous sans éloignement, il lit même, avec une attention opiniâtre, les écrits les plus informes et les plus diffus, lorsqu'il croit pouvoir y puiser les moyens de défendre ou d'améliorer ses biens. Nous sommes donc convaincus que si l'agriculture pratique n'a pas fait encore tous les progrès qu'elle aurait pu faire, on doit plutôt s'en prendre aux méthodes d'instruction qu'à l'intelligence des cultivateurs. N'a-t-on pas coutume de regarder comme des esprits distingués, ceux qui, sans maîtres, avec le seul secours des livres, apprennent le droit, la chimie, la physique et même les mathématiques ? N'est-ce pas cette opinion qui a fait fonder des chaires, par lesquelles on supplée à l'insuffiance des traités élémentaires, dont on se plaint sans cesse ? Comment veut-on donc que le cultivateur ordinaire, n'ayant que des traités qu'il ne peut entendre sans de longs développemens, devine la nature et l'action des corps qui facilitent ou contrarient la végétation, et qui varient suivant les cantons et même suivant les fermes; qu'il préserve ses animaux domestiques contre des maladies imminentes, qu'il donne à ses instrumens, à ses machines les formes et les dimensions les plus avantageuses ? Comment, enfin, peut-il pénétrer seul dans les mystères de la nature, qu'on entrevoit à peine après de laborieuses études faites avec des maîtres habiles ? S'il est alors forcé de ressembler dans ses cultures aux empiriques, qui traitent de la même manière tous les sujets, sans s'informer de leur constitution, de leur âge, de leurs habitudes, de leur régime, doit-on l'accuser des imperfections de la société? pourquoi lui refuse-t-elle les guides expérimentés et prudents qui devraient toujours être disposés à le secourir? En vain des hommes instruits, apôtres zèlés de l'art que vous voulez rendre plus florissant, arracheraient quelques erreurs de loin à loin, dans des entrevues amenées par le hasard; ces efforts généreux, dont notre savant collègue, M. Dominel, nous a donné un exemple récent dans des entretiens publics, sur la culture des arbres fruitiers, ne pourraient suffire aux besoins des campagnes, et nous voyons de plus en plus qu'il est instant de s'occuper fructueusement d'y porter et d'y répandre les lumières.

Mais examinons avec soin, Messieurs, les erreurs et les préjugés que nous voulons détruire, remontons à leur source, nous verrons peut-être avec surprise qu'ils doivent être attribués à des hommes qui, par leur grande prééminence, et surtout par la magie de leur style, ont égaré leur siècle. Delille ne s'efforce-t-il pas de nous faire applaudir un édit de Clément XI, qui conservait l'incinération des terres dans les campagnes de Rome, parce que cette opération avait été recommandée, sans aucune distinction de terrain, par les Géorgiques de Virgile, poëme divin, mais traité défectueux, suivi trop souvent dans les études ordinaires? Ne voyons-nous pas un grand nombre de cultivateurs expliquer toujours, comme les savans renommés qui ont précédé Lavoisier, et qui se sont placés parmi les grands écrivains, les phénomènes de l'air et de la végétation, et se conduire dans leur culture suivant ces fausses opinions? Que dirons-nous de ces préceptes antiques dont l'éclat séduit l'esprit ou repousse la raison, et qui font croire que la terre peut recouvrer, dans un repos périodique, l'aliment de la végétation, les engrais? Désirons donc que l'on emploie pour ramener la vérité, des moyens aussi puissans que ceux qui ont fondé l'erreur; opposons au génie égaré par son audace et son impatience, celui qui, plus soumis aux lois de la nature, a su les découvrir et en mesurer l'étendue. Entourons-le des hommages auxquels sa sublime origine lui permet de prétendre; qu'il puisse développer avec magnificence sa force créatrice; qu'il puisse jeter sur les voies épineuses de la vérité, des clartés nouvelles qui la rendent accessible à tous les esprits, et nous en recevrons les bienfaits que la jalouse antiquité ne voulait tenir que de ses Dieux.

Vous avez aperçu déjà, Messieurs, que

le rapport de notre observateur agronome nécessitera des recherches longues et pénibles, et qu'il méritera des honneurs distingués. Votre commission a dû vous présenter des vues à cet égard. Elle a pensé qu'il convenait de suivre l'usage général des sociétés savantes qui accordent des prix pour les ouvrages utiles qu'elles ont démandés, et nous avons l'honneur de vous proposer d'offrir une gerbe d'or de douze cents francs pour le meilleur rapport qui vous sera remis. Cette somme peut être formée par des souscriptions de dix francs. Vous déterminerez le nombre des actions que la société prendra avec les fonds votés pour elle par le conseil général du département. Elle doit donner l'exemple et se placer la première sur la liste des souscripteurs. Mais lorsque nous voyons de tous côtés l'admirable essor que prennent tous les genres d'industrie sous le sceptre auguste et protecteur rendu à nos vœux ; lorsque nous voyons les grands intérêts du département, soutenus dans le conseil général avec une sollicitude égale à celle des pères de famille pour leurs enfans les plus chers ; lorsque nous nous rappelons l'enthousiasme qui régnait dans la dernière fête où vous avez décerné des honneurs à nos manufacturiers les plus habiles ; lorsque cette enceinte retentit encore de ce brillant discours qu'un noble amour de la France et des arts utiles, inspirait dans cette fête à M. le comte de Montlivault, et qui sera gravé dans nos cœurs, avec notre respect et notre reconnaissance pour les dépositaires des desseins profonds de sa Majesté (1) ; lorsque M. le comte de Vendeuvre, qui nous présidait alors, continue d'entretenir parmi nous, comme Maire d'une des principales cités du Royaume, cette vive ardeur pour l'étude des sciences et des arts qui l'anime lui-même ; lorsque nous sommes près de voir dans le cabinet d'histoire naturelle, fondé par cet administrateur, une abondante collection de minéraux, d'animaux et de plantes, qui fera connaître les grandes richesses que le département peut offrir aux sciences et aux arts; lorsque M. le comte de Montlivault vient de proposer aux savans, au nom du conseil général, une importante et honorable récompense pour la meilleure histoire du Calvados, tirée de nos anciens monumens; lorsque les hautes vertus de notre fondateur, M. de Fontette,

(1) Voyez les Rapports sur la 4e. exposition publique des produits des arts qui a eu lieu à Caen dans les mois d'avril et mai 1819.

reparaissent avec un nouvel éclat parmi nous, pour présider encore à nos travaux (1); lorsqu'enfin votre ardent patriotisme et votre amour pour un art sur lequel la prospérité et la gloire de notre pays sont assises depuis long-temps, se propagent dans toutes les classes, pourrions-nous douter que les fonds nécessaires pour notre prix ne soient bientôt déposés entre vos mains, et qu'on n'y aperçoive pas quelques caractères des grands prix nationaux? Nous vous proposons aussi, Messieurs, de le juger et de le décerner dans une cérémonie publique à laquelle vous inviterez nos premiers administrateurs et les agriculteurs les plus distingués des six arrondissemens du département. Il est inutile de vous exposer combien cette grande solennité, qui aura l'attrait des comices agricoles, produira d'effets heureux, combien elle rendra durable et fructueuse la réunion d'une sage pratique avec une audacieuse théorie, et combien nous pourrons

(1) La Société d'Agriculture de Caen a été établie par arrêt du Conseil d'état du Roi, le 25 juillet 1762, sous l'intendance de M. de Fontette, mort en 1794, conseiller d'état et chancelier de S. A. R. MONSIEUR, maintenant LOUIS XVIII.

compter ensuite sur la protection d'un Gouvernement paternel, occupé sans cesse de notre bonheur.

Nous nous complaisons, Messieurs, dans le projet d'une description méthodique et générale de toutes les exploitations remarquables du département. Composée par la même plume, dirigée par le même esprit, les comparaisons seraient complètes et sans défauts, et la vérité ne pourrait nous échapper. Cependant comme nous ne pouvons guère esperer que le même agronome étende ses observations sur tous les arrondissemens; et comme plusieurs personnes devront se partager le travail, elles devront aussi se partager la récompense. Votre commission est donc forcée de prévoir cette division, et de vous proposer de déclarer que si vous ne recevez point de rapport général, ou si vous n'en recevez pas de satisfaisant, le prix sera divisé en six, et qu'il sera accordé une gerbe d'or de deux cents francs pour chaque arrondissement.

PROGRAMME

ARRÊTÉ PAR LA SOCIÉTÉ.

La Société d'Agriculture et de Commerce de Caen ayant remarqué avec peine, depuis long-temps, des imperfections et surtout de grandes inégalités dans l'agriculture du Calvados, et voulant atteindre le but de son institution, en faisant rechercher les moyens d'accroître tous les genres d'industrie, propose une gerbe d'or de deux cents francs pour le meilleur rapport sur l'état actuel et respectif des exploitations agricoles de chacun des six arrondissemens du département, et sur la composition d'une ferme complète, fictive, avec celles que l'on peut déjà regarder comme des modèles. Elle accordera cependant de préférence une gerbe d'or de douze cents francs pour le rapport qui embrassera, avec le même détail et le même soin, tous les arrondissemens. Les fonds nécessaires aux prix seront le produit d'une souscription à laquelle tous les amis de l'agriculture sont invités de participer. Les actions seront de 10 f; les fonds seront déposés dans les mains de M. Ducheval, trésorier de la Société. La liste des souscripteurs sera imprimée à la suite des mémoires qui auront eu les prix.

Les concurrens feront eux-mêmes, sur les lieux, et rapporteront les observations et les comparaisons nécessaires pour distinguer les meilleures méthodes de culture du département, la meilleure éducation des bestiaux, la meilleure administration domestique, les outils, les machines et les instrumens les plus parfaits, les bâtimens les mieux construits et les mieux disposés, les baux les mieux conçus, les cultivateurs qui doivent être placés au premier rang; enfin, les personnes qui, par leur bienveillance, leurs lumières et leur zèle, auraient perfectionné la culture de quelque canton. Ils rapporteront même textuellement, autant qu'il sera possible, les notes et les mémoires qui leur seront remis. Ils devront toujours se rappeler qu'il faudra seulement comparer les exploitations du Calvados entre elles, et non avec celles des autres départemens, ou des pays étrangers. Ils pourraient cependant faire entrevoir, dans des additions séparées, les perfectionnemens dont les premières fermes seraient susceptibles; mais ils ne regarderaient jamais ces appendices comme des parties indispensables. Ils adresseront leurs rapports avant le 1er. juin 1823, et franc de port, à M. Lair, secrétaire de la société; ils y mettront une devise. Ils y attacheront, de plus, un billet cacheté, où sera la même devise, et qui fera connaître le nom et la demeure de l'auteur. Ce billet ne sera ouvert que dans le cas où le rapport obtiendrait un prix.

La Société examinera et jugera les rapports, de concert avec des cultivateurs distingués, appelés des six arrondissemens du département, et qu'elle ne compterait point encore parmi ses membres. Elle décernera ensuite les prix dans une séance publique, en présence de M. le Préfet, et de MM. les Membres du Conseil général. Tous les fonctionnaires et officiers publics, les corps et sociétés savantes seront priés d'assister à cette cérémonie.

Les Membres résidans de la Société sont exclus du concours.

Pour extrait conforme au procès-verbal de la séance du 15 février 1822.

P.-A. LAIR, *Secrétaire de la Société.*

Préfecture du Calvados.

Caen, le 25 février 1822.

MONSIEUR LE BARON,

J'ai reçu la lettre que vous m'avez fait l'honneur de m'écrire le 18 de ce mois, et une expédition de la délibération du 15, par laquelle la Société Royale d'Agriculture et de Commerce de Caen a proposé des prix pour les meilleurs Mémoires sur l'état actuel de l'agriculture dans les arrondissemens du département.

Si, comme je n'en fais aucun doute, l'agriculture est la base de la prospérité des états, et particulièrement de la France, tout ce qui peut l'améliorer et la perfectionner doit être connu; c'est vers ce but que tendent les efforts de la Société que vous présidez; elle ne le perd pas un seul instant de vue; son zèle à cet égard est infatigable et digne de tout éloge; je la prie de me considérer comme le premier souscripteur pour les prix qu'elle a votés. Au reste, je donnerai au Conseil-général, connaissance de sa délibération, et je ne doute pas qu'il ne s'empresse de concourir à ce qu'elle ait les résultats désirés.

J'ai l'honneur d'être, avec une considération très-distinguée,

Monsieur le Baron,

Votre très-humble et très-obéissant serviteur.

Le Conseiller-d'état, préfet,

Comte DE MONTLIVAULT.

A M. le Baron DE FONTETTE, *président de la Société d'Agriculture.*

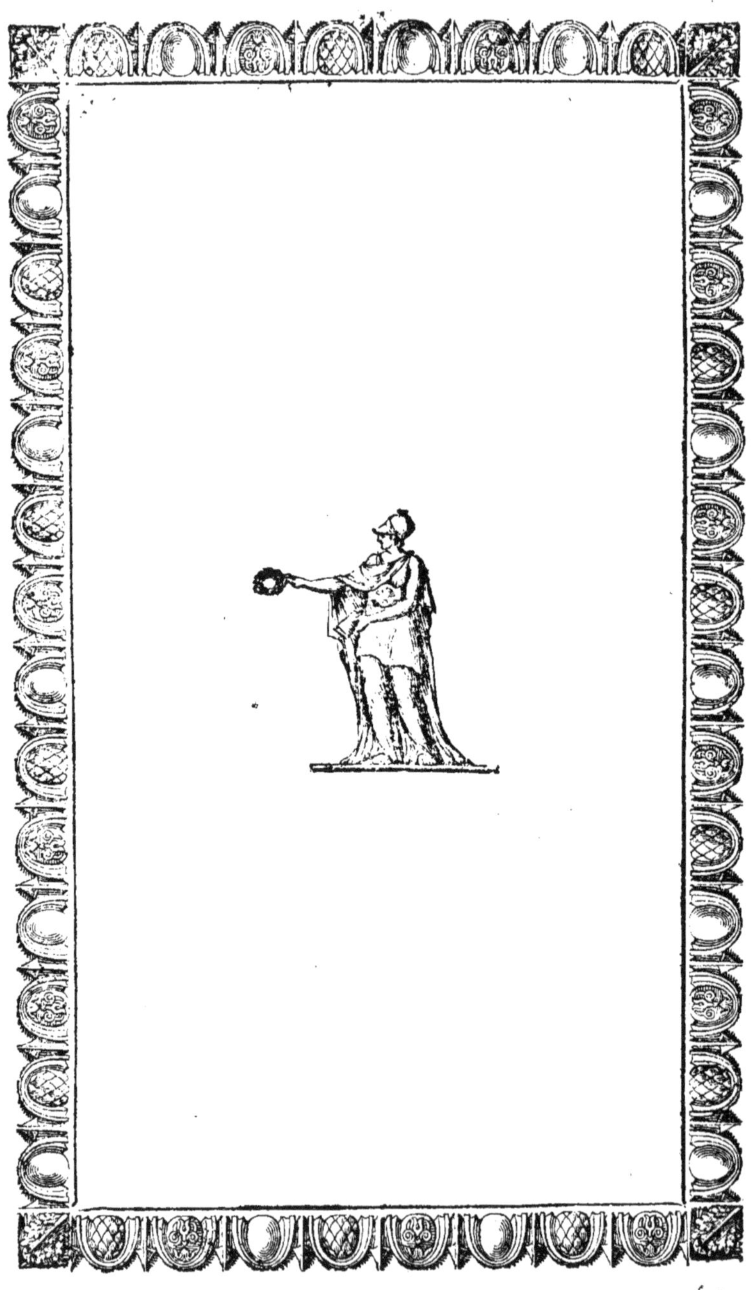

www.ingramcontent.com/pod-product-compliance
Ingram Content Group UK Ltd.
Pitfield, Milton Keynes, MK11 3LW, UK
UKHW020520180726
13839UKWH00005B/2197